Wüstentypen im Geographieunterricht. Unterrichtseinheit zum Thema Binnen-, Küsten- und Wendekreiswüsten

Martin Briol

Bibliografische Information der Deutschen Nationalbibliothek:

Die Deutsche Nationalbibliothek verzeichnet diese Publikation in der Deutschen Nationalbibliografie; detaillierte bibliografische Daten sind im Internet über http://dnb.d-nb.de abrufbar.

ISBN: 9783346348531
Dieses Buch ist auch als E-Book erhältlich.

Druck und Bindung: Books on Demand GmbH, Norderstedt Germany
Gedruckt auf säurefreiem Papier aus verantwortungsvollen Quellen

Das Buch bei GRIN: https://www.grin.com/document/984900

Martin Briol

Unterrichtsentwurf

Im Rahmen der zweiten Dienstprüfung im Fach EWG

Wüstentypen

Binnen,- Küsten- und Wendekreiswüsten

Inhaltsverzeichnis

1. Sachanalyse

Vollwüsten und Halbwüsten nehmen fast ein Drittel der Landoberfläche der Erde ein. Die Vegetationsdecke der Wüstengebiete ist aufgrund von Wasser- oder Wärmemangel nur sehr sporadisch ausgeprägt oder fehlt ganz. Die jährliche Niederschlagsmenge von maximal 300mm liegt deutlich unter der potenziellen Verdunstungsrate, das Klima ist dementsprechend arid oder semiarid. Tageshöchsttemperaturen von bis zu 55 °C können in Wüstengebieten erreicht werden. Aufgrund der fehlenden Wolkendecke ist die Wärmeabstrahlung nach Sonnenuntergang aber auch sehr groß, so dass Temperaturen unter dem Gefrierpunkt eintreten.

Die meisten Trockenwüsten der Erde befinden sich entlang der Wendekreise. Die Sahara ist neben der Großen Sandwüste in Australien das bekannteste Beispiel für diese sogenannten **Wendekreiswüsten**. Die starke Sonneneinstrahlung im Bereich der innertropischen Konvergenzzone ITC ist für die Entstehung dieser Wüsten verantwortlich. Die feuchten Luftmassen, die über den Äquatorregionen aufsteigen kühlen in der Höhe ab und kondensieren. Die auf diese Weise entstandenen Wolken regnen sich noch im Bereich der ITC ab und nur trockene Luft weicht in Richtung Norden und Süden aus. Im Bereich der Wendekreise (Höhentiefdruckgebiete) sinkt die schwere Kaltluft zu Boden und kommt unter Druck. Beim Absinken erwärmt sie sich um etwa 1 °C pro 100 m und kann infolgedessen wieder mehr Feuchtigkeit aufnehmen. Die Landoberfläche trocknet aus.

Die Gobi im Regenschatten der chinesischen Gebirge ist ein besonders typisches Beispiel für **Binnenwüsten**. Diese entstehen vor allem im Innern großer Kontinente oder auf der Leeseite großer Gebirge. Die vom Meer kommenden feuchten Luftmassen werden schon vorher an Gebirgen (z.B. Rocky Mountains) zum Aufsteigen und durch die damit einhergehende Abkühlung zum Abregnen im Luv der Hänge gezwungen. Auf der Leeseite erwärmt sich die Luft wieder und ihre Wasseraufnahmekapazität steigt. Die Landschaft trocknet aus. Weitere Beispiele für Binnenwüsten sind neben der Wüste Gobi die Taklimakan (auch: Takla Makan) in Asien und die ariden Gebiete im Großen Becken der USA (Death Valley).

Eindrucksvolle Beispiele für Wüsten direkt am Meer, sogenannte **Küstenwüsten**, sind die Atacama in Chile, die Namib in Südwest-Afrika, sowie das Wüstengebiet der Halbinsel Baja California. Aufsteigende kalte Meeresströmungen aus dem Nord- und Südpolarbereich in Richtung Äquator sind für die Entstehung dieses Wüstentyps verantwortlich. Die kalten Auftriebwasser kühlen die küstennahen Luftmassen ab und es kommt bereits über dem Meer zu ausgiebigen Niederschlägen. Entlang der Küste bilden sich nur noch Nebel, aber es fällt kein Niederschlag. Das Land bleibt trocken.[1][2]

Abb.1: Didaktisch reduzierte Karte mit den Wüstentypen der Erde.

Quelle : Eigene Darstellung

[1] Fraedrich 2006, S. 6 ff.
[2] Latz (Hrsg.) 2007, S. 130- 133

2. Didaktische Reflexion

2.1. Einordnung in den Bildungsplan ´04

Die Unterrichtsstunde „Wüstentypen – Binnen-, Küsten-, und Wendekreiswüsten" im Fach EWG Sek. 1 lässt sich im Bildungsplan ´04 für die Realschule – Klasse 8 der Leitidee 1 „Wechselbeziehungen zwischen Klima und Vegetation" zuordnen. Hinsichtlich der Kompetenzentwicklung von Schülerinnen und Schülern heißt es dort: *„ Die Schülerinnen und Schüler besitzen einen Überblick über die Klima- und Vegetationszonen der Erde. Sie können Zusammenhänge zwischen Klima und Vegetation begründen; wichtige Grundlagen der Klimakunde erklären; die [...] Vegetationszonen als bedeutendes Ordnungssystem für die Orientierung auf der Erde beschreiben.*[3] Im weiteren Verlauf der Unterrichtseinheit „Wüsten & Savannen" werden weitere Leitideen verfolgt, wie sie im Bildungsplan '04 aufgeführt sind. Dabei wird neben der Leitidee 1 insbesondere die Leitidee 3 „Menschen erschließen, gestalten und gefährden ihre Umwelt" in den Mittelpunkt rücken. Hier soll insbesondere die Raumverhaltenskompetenz der Schülerinnen und Schüler gefördert werden, sowie ein inhaltlich-kognitiver Transfer innerhalb des Themenkomplexes „Wüsten & Savannen" stattfinden.

2.2. Bildungsstandards im Fach Geographie

In Anlehnung an die „Internationale Charta der Geographischen Erziehung" entwickelte die *„Deutsche Gesellschaft für Geographie (DGfG)"* [4] Bildungsstandards die sie als national gültige Standards festzulegen versucht. Diese rein geographischen Bildungsstandards können (sollen) als Hilfestellung und Erweiterung zum Bildungsplan gesehen werden. Die vom DGfG dargestellten Kompetenzbereiche wirken, auch in dieser Unterrichtsstunde, gemeinsam, um eine geographische Gesamtkompetenz aufzubauen. Zentrale Kompetenzen, die in dieser Unterrichtsstunde hauptsächlich angesprochen werden sind im Kompetenzbereich Fachwissen wiederzufinden: *„F2 Fähigkeit, Räume unterschiedlicher Art und Größe als naturgeographische Systeme zu erfassen. Die Schülerinnen und Schüler können [...] S6 [...] Funktionen von naturgeographischen Faktoren in Räumen [...] beschreiben und erklären."* [5] Im Kompetenzbereich Räumliche Orientierung: *„O2 Fähigkeit zur Einordnung geographischer Objekte und Sachverhalte in räumliche Ordnungssysteme.*

[3] Vgl. Ministerium für Kultus, Jugend und Sport 2004, S.122
[4] Die **Deutsche Gesellschaft für Geographie** (DGfG) ist eine Dachorganisation, die in mehrere geographische Verbände und Gesellschaften gegliedert ist. Die DGfG setzt sich dafür ein, Inhalte und Bedeutung der Geographie als Schulfach zu vermitteln.
[5] DGfG 2006, S. 14

Die Schülerinnen und Schüler können – S2 die Lage geographischer Objekte in Bezug auf ausgewählte räumliche Orientierungsraster und Ordnungssysteme [...] beschreiben."[6] Auf eine weitere und ausführlichere Beschreibung und Zuordnung, der von der DGfG benannten *Bildungsstandards/ Kompetenzbereiche*[7], muss an dieser Stelle verzichtet werden.

2.3. Einbettung der Stunde in die Unterrichtseinheit

In der Unterrichtseinheit „Wüsten & Savannen" sollen die Schülerinnen und Schüler einen Überblick über Wüstengebiete/ - arten und Savannentypen bekommen. Diese sollen die Schülerinnen und Schüler in Hinblick auf Vegetation, Klima, Topographie, physische Gestalt, politische Zugehörigkeit, Nutzung und andere geographische Phänomene beschreiben können. Hier ein kleiner Überblick über die gesamte Unterrichtseinheit:

Datum	Thema der Stunde
16.03	Geogr. Spiel zur Atlasarbeit; Einf. Wüste (Brainstorming)
21.03	Wüstentypen – Binnen-, Küsten- und Wendekreiswüsten
23.03	Gesichter der Wüste/ Wüstenarten (Stationenlernen)
28.03	Mit den Tuareg durch die Wüste (Film)
30.03	Oasen – Schwerpunkt Artesischer Brunnen (Experiment)
18.04	Der Nil – Ein Fremdlingsfluss
20.04	Der Nil – Die längste Flussoase der Welt (Agentenspiel/ GA)
25.04	Der Assuan Staudamm (Wirkungsschema)
27.04	Der Aralsee (Kartographie und Wirkungsschema)
02.05	Der Aralsee Heute – Ein Rollenspiel
04.05	Savannentypen
09.05	Die Sahelzone/ Desertifikation
11.05	Ursachen und Folgen der Desertifikation am Beispiel Mali

[6] Ebd. S. 17

[7] Kompetenzbereiche die die Deutsche Gesellschaft für Geographie (DGFG) festgelegt hat sind: Fachwissen, Räumliche Orientierung, Erkenntnisgewinnung/ Methoden, Kommunikation, Beurteilung/ Bewertung, Handlung. (Vgl. DGFG, S. 9)

2.4. Bedeutung des Themas für die Schüler/innen

„Geographische Grundbildung ist mit ihren Zielen, Inhalten und Methoden wesentlicher Teil von Allgemeinbildung." [8] Trockenwüsten stellen für die meisten Schülerinnen und Schüler lediglich einen Lebensraum dar, der für sie in weiter Ferne liegt. Sie kennen diese Gebiete der Erde beinahe ausschließlich über die Medien und haben sonst auch keine weiteren Zugriffsmöglichkeiten auf dieses für sie sehr exotische Thema, welches sie in jedem Fall mit sehr viel Sand und der Sahara verbinden. Es sind aber reichlich mehr Aspekte, die dieses Thema gerade für den Geographieunterricht so interessant machen. Trockenwüsten bedecken mit einer Ausdehnung von 15,75 Mio. km^2 (Zum Vergleich: Antarktis 13,2 Mio. km^2) über 11 Prozent der Festlandfläche der Erde. Sie sind wesentlicher Bestandteil des globalen Ökosystems und Pflanzen wie Tiere haben unglaubliche Anpassungsleitungen vollzogen um in diesen Gebieten überhaupt erst überleben zu können. Wüsten waren zu jeder Zeit ein Symbol für das Fremde und dienen als Rückzugsorte für Glaubensgemeinschaften und Völker.[9] Im Rahmen globaler Klimaveränderungen gewinnen alle Wüstengebiete der Erde wieder zunehmend an Bedeutung. Immer mehr Regionen haben mit Niederschlagsmangel umzugehen und Dürreperioden treten immer häufiger auf. „Die Wüste – bald auch bei uns?", ist eine ideale Überschrift um in ein spannendes Unterrichtsgespräch zum Thema Desertifikation einzusteigen. Es gilt nämlich stets zu beachten, dass die Wüstenbildungsprozesse nicht nur auf natürliche Geofaktoren zurück zu führen sind, sondern auch auf humangeographische Systeme, die natürlich in ständiger Wechselwirkung mit naturgeographischen Systemen stehen. Der Aralsee und unterschiedliche Gebiete innerhalb der Sahelzone bieten tolle Beispiele für diese Mensch-Umwelt-Systeme und lassen es zu adäquate Anpassungsmaßnahmen, vor dem Hintergrund einer nachhaltigen Entwicklung, zu entwickeln.[10] Voraussetzung dafür ist das Verständnis der Prozesse der Wüstenentstehung.

2.5. Exemplarität und didaktische Reduktion

Jedes einzelne Element und die Systeme als Ganzes verändern sich durch ständig ablaufende Prozesse. Diese müssen vom Menschen erfasst werden, um Zusammenhänge zu entdecken und gleichzeitig lebensweltliche Perspektive zu schaffen. Dafür ist ein systematischer Wissensaufbau unabdingbar. Durch die Untersuchung von einem geographischen Teilsystem

[8] Ebd., S. 7
[9] Fraedrich 2006, S. 7
[10] Hier greift in erster Linie das Hauptbasiskonzept des Faches das Systemkonzept, wie es die Deutsche Gesellschaft für Geographie beschreibt. Diesem sind die Systemkomponenten Struktur, Funktion und Prozess als Basisteilkonzepte zugeordnet (Vgl. DGFG., S. 10- 11)

(hier: Trockenwüsten), soll eine wichtige Voraussetzung für das Verständnis von Zusammenhängen geschaffen werden, um somit lebenslanges Lernen überhaupt erst zu ermöglichen.[11] Damit sich die Schülerinnen und Schüler die Begriffe Binnen-, Küsten-, und Wendekreiswüsten weitgehend selbstständig erarbeiten können wurden exemplarisch die bekanntesten Beispiele für den jeweiligen Wüstentyp ausgewählt, die sich auch im vorhanden Schüleratlas wiederfinden lassen. Die Ursachen für die Entstehung der einzelnen Wüsten stehen natürlich auch exemplarisch für weitere topologische und globale Subsysteme. Diese sollen hier aber nicht weiter berücksichtigt werden. Es geht vielmehr darum, dass die Schülerinnen und Schüler die verschiedenen Wüstentypen kennen, ihre Lage beschreiben können und die Ursachen für ihre Entstehung kennen. Als formale Stufe wird daher die Stufe der Klarheit anvisiert, wobei die Schülerinnen und Schüler die einzelnen Elemente auch durchaus miteinander in Beziehung setzen müssen und somit assoziieren.[12] Aufgrund der Komplexität des Themas und der Tatsache, dass für die Entstehung der Wüsten zahllose Aspekte und Prozesse eine Rolle spielen wurde das Thema stark reduziert. Die Ursachen für die Entstehung sollen daher nur relativ flach beschrieben werden. Das Verstehen dieser Zusammenhänge ist aber für eine siebte Klasse bei Weitem nicht trivial und verlangt eine hohe Abstraktionsleistung. Die Erkenntnisse, die die Schülerinnen und Schüler in dieser Stunde erlangen, sollen in weiteren Unterrichtsstunden vertieft werden und mit neuen Wissenselementen verknüpft werden. Schließlich sind Kenntnisse in diesem Bereich für den Leben- und Erfahrungsbereich der Schülerinnen und Schüler und damit für ihr eigenes Handeln von zentraler Bedeutung.

2.6. Aufgabenanalyse und mögliche Schwierigkeiten

Das Thema „Wüstentypen ist ein für die 7. Klasse ein sehr komplexes Thema. Es erfordert eine sehr hohe Abstraktionsleistung von Seiten der Schülerinnen und Schüler. Didaktische reduzierte Texte und anschauliche Grafiken sollen das Ganze daher vereinfachen. Darüber hinaus können sich die Schülerinnen und Schüler in ihren Gruppen gegenseitig helfen. Erste Erfolgserlebnisse sollen sich in der Erarbeitungsphase schon daher einstellen, dass es für die Schülerinnen und Schüler relativ einfach ist konkrete Beispiele auf ihrem Arbeitsblatt zu

[11] Vgl. DGFG., S. 10-12 u. 18

[12] In der Stufe der Klarheit haben sich die Schülerinnen und Schüler zunächst in neue Wissenselemente zu vertiefen, um dabei diese Wissenselemente zu erfassen und zu verstehen. Haben sie sich eine klare Vorstellung vom Lerngegenstand gemacht, sollen sie diesen, auf der zweiten Stufe, mit anderen (neu) gelernten Wissenselementen assoziativ verknüpfen. Vertiefung durch Klarheit und Assoziation. Erst der nächste Schritt dient der Besinnung. Die Lernenden müssen gelernte Wissenselemente miteinander verknüpfen (z.B. Wendekreiswüsten ← → Passatkreislauf) und können das neu Gelernte, im ethischen Sinne, zur Anwendung bringen. Besinnung durch System und Methode. (Formale Stufen nach Herbart 1776-1841).

notieren, da diese bereits vorgegeben sind. Die Schwierigkeit liegt hier aber zunächst darin, zu erkennen, um welchen Wüstentyp es sich bei, den in die Karte eingetragen Wüsten handelt. Die Schülerinnen und Schüler müssen sich hier aufgrund von Lagebeschreibungen den Begriff Binnen-, Küsten-, oder Wendekreiswüste selbstständig erschließen. Ein weiteres Problem ist, dass viele Schülerinnen und Schüler immer wieder Angst haben falsche Ergebnisse auf ihren Arbeitsblättern zu notieren. Natürlich sollen auch diese Schülerinnen und Schüler unter anderem durch ihre Gruppe positiv bestärkt werden. Ich werde aber dennoch Lösungsblätter im Klassenzimmer aushängen, damit sich insbesondere diese Schülerinnen und Schüler Tipps und Lösungsvorschläge anschauen können. In diesem Zusammenhang ist noch zu erwähnen, dass die Schülerinnen und Schüler noch zu Beginn des Schuljahres sehr große Probleme bei topographischen Übungen hatten und größtenteils nicht wussten wie ein Atlas aufgebaut ist. Durch zahlreiche topographische Übungen haben sich in diesem Bereich aber bereits große Lernfortschritte bemerkbar gemacht. Eine weitere Schwierigkeit die es in der Stunde zu beachten gilt, ist die Tatsache, dass neben abstraktem Denken ein hoher Anspruch an das organisatorische Können der Schülerinnen und Schüler gestellt wird. Die Organisation soll daher mit Farbcodes spürbar erleichtert werden. Einen besonderen Umstand auf den ich abschließend noch eingehen möchte, betrifft die Jahresplanung für dieses Schuljahr. Können die Schülerinnen und Schüler die bereits behandelten Vegetationszeiten der Erde räumlich einordnen und deren Merkmale in eigenen Worten beschreiben, sind sie noch nicht in der Lage diese in Beziehung mit den Temperaturzonen der Erde zu setzen. Dies musste bereits in vielen vorangegangen Stunden mitberücksichtigt werden, wie auch in dieser. Diesen Sachverhalt möchte ich als nicht gerade vorteilhaft beschreiben. Dies betrifft sowohl Planung der einzelnen Unterrichtsstunden als auch die kognitive Struktur der Lernenden. In Folge dessen habe ich bereits einen modifizierten Stoffverteilungsplan erstellt (Vgl. Stoffverteilungsplan Klasse 7 EWG/ Modifizierte Version). Jedoch ist auch anzumerken, dass Vorkenntnisse über die Temperatur- und Vegetationszonen der Erde, wie auch über die tropische Zirkulation in jedem Fall hilfreich wären, aber nicht zwingend erforderlich sind. Die Lage des Äquators und die der Wendekreise ist den Schülerinnen und Schülern darüber hinaus bekannt.

3. Kompetenzerwerb/ Lernziele

3.1. Übergeordnete Kompetenzen / Ziele

Bei der geplanten Unterrichtsstunde handelt es sich um eine Unterrichtsstunde, die in jedem Fall der physischen Geographie zuzuordnen ist. Die Untersuchung von naturgeographischen Teilsystemen ist aber, genauso wie die Untersuchung anthropogeographischen Teilsysteme, eine wichtige Voraussetzung für das Verständnis von Zusammenhängen. Die Schülerinnen und Schüler erwerben somit grundlegende Kompetenzen und Einsichten bei denen die Leitgedanken im Mittelpunkt stehen, dass die Schülerinnen und Schüler...

... wichtige Grundlagen der Klimakunde erklären können.

... verstehen wie Wüsten entstehen, und somit die Systematik ihrer globalen Verteilung begreifen.

... verschaffen sich über den Lerngegenstand „Klarheit“ und vertiefen sich in diesen.

Im Folgenden werden die konkreten Lernziele, die in der Unterrichtsstunde *„Wüstentypen – Binnen-, Küsten-, und Wendekreiswüsten"* verfolgt werden, genannt. Die Klassifizierung der Lernziele erfolgt hierbei in vier Kategorien, die im Kern, den Erwartungen aus dem Bildungsplan ´04, hinsichtlich der Fähigkeiten, die Schülerinnen und Schüler erlangen sollen, entnommen sind.[13]

Die Schülerinnen und Schüler...

3.2. Fachliche Lernziele

... kennen die Begriffe Binnen-, Küsten-, und Wendekreiswüsten und können diese unterschiedlichen Wüstentypen hinsichtlich ihrer Lage beschreiben.

... können die Ursachen der Wüstenentstehung für mindestens einen Wüstentyp darlegen.

[13] Der Bildungsplan ´04 nennt als Ziele, die Schülerinnen und Schüler erreichen sollen, Erwartungen, die in Einstellungen, Fähigkeiten und Kenntnisse untergliedert werden. Unter dem Begriff: „Fähigkeiten“ versteht der Bildungsplan ´04 insbesondere Kompetenzen. Dabei benennt er vier Kompetenzen: Personale Kompetenz, Sozialkompetenz, Methodenkompetenz, Fachkompetenz. (Vgl. Ministerium für Kultus, Jugend und Sport, S.10-15)

3.3. Methodische Lernziele

... trainieren den Umgang mit dem Atlas, lokalisieren einen Ort und verorten diesen in einer stummen Karte.

... üben sich darin Abbildungen/ Profilskizzen und Texte gemäß einer Fragestellung auszuwerten.

3.4. Soziale Lernziele

... entwickeln ihre Teamfähigkeit und Ich-Stärke weiter.

... üben das erklären von komplexen Sachverhalten.

3.5. Personale Lernziele

... üben sich darin, den Wechsel von Sozialformen zu organisieren.

... lernen eigenverantwortlich zu arbeiten.

4. Methodische Reflexion

4.1. Artikulation des Unterrichts[14]

4.1.1. Einstieg

Im Anschluss an Stundeneröffnung und Begrüßung der Prüfungskommission motiviert der Lehrer die Schülerinnen und Schüler indem er sie auf das Quiz (Vgl. Kap. 5.2.2), welches an eine bekannte TV-Show angelehnt ist, einstimmt. Die Regeln für das Quiz „Wer wird Wüstenexperte" werden nur kurz erläutert, da sie bereits bekannt sind. Diese Phase findet lehrerzentriert statt. Der Lehrer liest Frage und Antwortmöglichkeiten laut vor, während die Schülerinnen und Schüler mithilfe von Buchstabenkarten abstimmen können. Lösungen werden in dieser frühen Phase noch nicht bekannt gegeben. Die Antwort mit den meisten Schülerzustimmungen wird lediglich eingeloggt. Eine Ausnahme bildet hier Frage 4 die als überleitende Frage dient (Vgl. Unterrichtskizze). Alle Fragen dürfen als Hypothesen verstanden werden, die es am Ende der Unterrichtsstunde zu verifizieren bzw. falsifizieren gilt. Durch das Quiz sollen die Schülerinnen und Schüler ihr bereits vorhandenes Vorwissen

[14] Die hier angewandte Gliederung des EWG Unterrichts in Lernphasen lässt sich im Wesentlichen mit einem konstruktivistischen Ansatz beschreiben. Die SuS sollen hierbei selbst aktiv werden, übend entdecken und entdeckend üben.

zum Thema abrufen. Darüber hinaus solle durch das Quiz das Interesse der Schülerinnen und Schüler geweckt werden.[15]

Alternativ zum Einstieg „Quiz" hätte auch die Luftbildaufnahme der Küstenwüste Namib direkt betrachtet werden können. Um an die Lebenswelt der Schülerinnen und Schüler in diesem Fall direkt anzuknüpfen müsste das Bild im weiteren Verlauf in einem konkreten Bezug stehen, z.B. eingebunden werden in eine Geschichte.

Problematisierung/ Überleitung

Ist die Schülermeinung hinsichtlich Frage 4 des Quiz eingeloggt ergeben sich drei Möglichkeiten für das Lehrerhandeln. Möglichkeit A: Die Schülerinnen und Schüler stimmen zu, dass es Wüsten am Meer gibt. In diesem Fall lobt der Lehrer die Lernenden für ihr gutes geographisches Wissen und blendet die Luftbildaufnahme der Namib ein. Möglichkeit B: Die Schülerinnen und Schüler lehnen ab, dass es am Meer Wüsten gibt: Hier überrascht der Lehrer die Lernenden, indem er eine Luftbildaufnahme der Namib einblendet. Möglichkeit C: Die Schülerinnen und Schüler wissen keine Antwort oder geben eine völlig falsche Antwort: In diesem Fall löst der Lehrer die Frage mithilfe der Luftbildaufnahme der Namib auf. Egal welche Antwort die Schülerinnen und Schüler geben, die Verwendung der Luftbildaufnahme der Namib, ist im Anschluss an jede Möglichkeit, vorgesehen. Der Neuigkeitsgehalt, dass es Wüsten am Meer gibt, dürfte für die meisten Lernenden immens sein. Einige wenige freiwillige Schülerinnen und Schüler dürfen zu diesem Sachverhalt Hypothesen aufstellen. Aus Zeitgründen sollen diese nur mündlich vorgetragen werden. Sollte kein/e Schüler/in eine Vermutung haben, wird unmittelbar in die Erarbeitungsphase I übergeleitet.

4.1.2. Erarbeitungsphase I

Nachdem der Lehrer den Gruppenbildungsprozess und die Arbeitsanweisung noch in der Einstiegsphase erläutert hat, erwähnt er, dass die Lernenden in dieser Unterrichtsstunde für ihre Ergebnisse selbst verantwortlich sind. Dafür werden die Ergebnisse an drei verschiedenen Orten im Klassenzimmer ausgehängt (Vgl Medium 2b). Haben sich die Schülerinnen und Schüler mithilfe von farbigen Karten, auf denen die Namen von Wüsten geschrieben sind, in ihren Gruppen organisiert bearbeiten sie nacheinander Aufgabe 1 und 2

---

[15] Bei der Beschreibung und Erklärung von Lernmotivation spielen Interessen eine wichtige Rolle. Interesse ist ein Motivationsfaktor. Ist ein Lerner „intrinsisch motiviert", setzt er sich mit den Lerninhalten um „ihrer selbst willen" auseinander. Das Lernen bereitet ihm Freude. Längsschnittstudien haben gezeigt, dass Interesse und Lernerfolg miteinander korrelieren. (Vgl. Haubrich 2006, S. 52)

auf ihrem Arbeitsblatt (Vgl. Medium 2a). Hier soll ein idealtypischer Verlauf der Erarbeitungsphase I dargestellt werden:

- → Die SuS verorten die Wüstengebiete auf ihrer Weltkarte.
- → Die SuS beschreiben die Lage der Wüstengebiete (Erkenntnisgewinn).
- → Die SuS informieren sich selbständig über die klimatischen Besonderheiten ihres Wüstentyps.
- → Die SuS erarbeiten sich selbständig die Ursache für die Entstehung ihres Wüstentyps.
- → Die SuS bereiten sich darauf vor, wie sie ihren Mitschüler/ -innen die Ursache für die Entstehung ihres Wüstentyps verständlich erklären können.
- → Besonders schnelle Gruppen werden beginnen ihr Arbeitsblatt zu verschönern.

Sollten in dieser Phase verstärkt Probleme auftauchen oder sollte diese Phase sehr viel mehr Zeit in Anspruch nehmen → Weiter mit Ergebnissicherung B.

4.1.3 Erarbeitungsphase II.

Noch bevor die Schülerinnen und Schüler sich neu organisieren (Gruppenpuzzle), erhalten sie vom Lehrer weitere Arbeitsanweisungen. Diese werden neben der auditiven Vermittlung parallel an der Wand hinter der Tafel visualisiert. In dieser Phase tauschen sich die Lernenden über ihre bisherigen Arbeitsergebnisse aus und erklären sich gegenseitig die Ursache für die Entstehung ihres Wüstentyps anhand der vorhandenen Profilskizze.

4.1.4 Ergebnissicherung A

Ergebnissicherung A beschreibt den vorgesehen Ablauf, indem die Schülerinnen und Schüler sich über ihre Ergebnisse selbstständig austauschen und bei Unsicherheiten ihre Lösungen mit denen auf dem Ergebnisblatt vergleichen. Um einen gemeinsamen Abschluss zu finden und den Lernzuwachs der Lernenden zu reflektieren, soll das Quiz aus dem Einstieg nochmals wiederholt werden. In diesem zweiten Durchlauf wird die richtige Antwort natürlich bekannt gegeben. Aufgrund farbiger Markierung können die Schülerinnen und Schüler ihren Lernzuwachs selbst wahrnehmen.

4.1.5 Ergebnissicherung B

Ergebnissicherung B beschreibt den Fall, benötigen die Schülerinnen und Schüler zum Bearbeiten der Arbeitsaufträge wie sie auf ihrem Arbeitsblatt (Vgl. Medium 2a) abgedruckt sind mehr Zeit als erwünscht. Damit die einzelnen Stammgruppen aber dennoch vernünftige Ergebnisse erarbeiten, erhalten sie diese Zeit. Das Gruppenpuzzle müsste in diesem Fall leider entfallen. Einzelne leistungsstärkere Gruppen, können in dieser Zeit mithilfe der ausliegenden Informationsblätter eigenständig den Arbeitsauftrag für die beiden anderen Wüstentypen ausführen. Sollte der Fall Ergebnissicherung B eintreten sollen einzelne Gruppen die Ursachen für die Entstehung eines Wüstentyps mithilfe von vorgefertigten Plakaten, auf denen die jeweilige Profilskizze abgebildet ist, dem Plenum erläutern (Vgl. Medium 6a- c). Um einen gemeinsamen Abschluss zu finden, soll zwar auch in diesem Fall versucht werden das Quiz aus dem Einstieg nochmals, mit den neu gewonnen Erkenntnissen, durchzuführen. Sollte sich aber herausstellen, dass die Kurzpräsentationen in dieser abschließenden Phase für den Lernzuwachs der Schülerinnen und Schüler bedeutender sind (Hinweis: z.B. Arbeitsblätter größtenteils nur unvollständig ausgefüllt), muss es leider entfallen. Es würde dann aber in erweiterter Form als Einstieg für die Folgestunde dienen.

4.1.6 Abschluss

Wie bereits angedeutet bildet nach einem nahezu idealtypischen Verlauf das Quiz den Abschluss. Im anderen Fall kurze Schülerpräsentationen mit vorgefertigten Plakaten. Selbstverständlich schließt der Lehrer die Stunde ab und bedankt sich bei den Schülerinnen für die ihre Mitarbeit war diese ordentlich.

4.1.7 Vertiefung/ Differenzierung/ Puffer

Während der gesamten Unterrichtsstunde werden für besonders schnelle Schülerinnen und Schüler bzw. Gruppen, Zusatzaufgaben bereitgehalten. Diese finden die Lernenden auf einem der hinteren Tische, der als „Lerntheke" dient. Insgesamt sind zwei Zusatzaufgaben (Vgl. Medium 4 und 5) vorhanden, die jeweils unterschiedliche Kompetenzbereiche ansprechen und den Anforderungsbereichen II und III zuzuordnen sind, wie sie von der Deutschen Gesellschaft für Geographie beschrieben werden.[16]

---

[16] Vgl. DGFG., S. 31

4.2 Methoden und Sozialformen

4.2.1. Quiz

Das Quiz bietet im Allgemeinen einen Weg, Wissen in lockerer und amüsanter Form zu vermitteln und abzufragen. Unterhaltung wird mit Information verbunden und so kann selbst der trockene Stoff der Wüste interessant gemacht werden. Wichtig ist die Art, in der die Fragen gestellt werden und auch die Anordnung der Fragen in diesem Quiz erfolgte nicht zufällig (Vgl. Medium. 1). Das Quiz soll darüber hinaus einen „Wissendurst" erzeugen und das Interesse der Schülerinnen und Schüler (im Idealfall auch nachhaltig) fordern. Denn ist eine Frage erst einmal in den Raum gestellt, möchten sie die „Spieler" im Normalfall auch beantwortet wissen. [17]

4.2.2. Das Gruppenpuzzle

Wie durch die methodische Analyse deutlich geworden ist, wird der Hauptteil der Unterrichtsstunde in der Methode Gruppenpuzzle abgehalten. Hierbei wird insbesondere dem Gruppenunterricht tragende Funktion zugesprochen. Unter Gruppenunterricht wird dabei die selbständige Tätigkeit von Kleingruppen verstanden, die kooperativ zusammenarbeiten, um Aufgaben zu lösen. Darüber hinaus sind verschiedene sozial-affirmative Ziele mit dieser Unterrichtsmethode verbunden. Der Ablauf des Gruppenpuzzles soll durch folgende Grafik verdeutlicht werden. Das Problem, aber auch gleichzeitig die große Chance dieser Methode liegt darin, dass die Effektivität des Wissenserwerbs von den einzelnen Gruppenmitgliedern und ihrer Zusammenarbeit als Team abhängt.[18] Die Gruppeneinteilung erfolgt dabei durch farbige Zylinder/ Hüttchen, die auf den Gruppentischen aufgestellt werden, sowie durch farbige Kärtchen bzw. Punkte.

[17] Peterßen 2001, S. 246 ff.

[18] Vgl. Haubrich 2006, S. 127 ff.

1. Überleitung/ Wissenserwerb.	Die Schülerinnen und Schüler sind bereits gleichmäßig auf die unterschiedlichen Themengebiete verteilt und arbeiten sich in diese ein. Jede Expertengruppe wird doppelt gebildet. Dies soll hier am Beispiel Wendekreiswüste verdeutlicht werden. 1. **Wendekreiswüsten** 2. **Binnenwüsten** 3. **Küstenwüsten** 4. **Wendekreiswüsten**
2. Erarbeitungsphase/ Expertengruppen	Die Schülerinnen und Schüler bearbeiten in Expertengruppen die jeweiligen Aufgaben. Sie besprechen welche wesentlichen Informationen sie an ihre Mitschüler/ innen weitergeben wollen.
3. Austauschgruppen	Die Experten unterrichten ihre neuen Gruppenmitglieder über ihr Themengebiet. Informationen werden gesammelt und schriftlich festgehalten.
4. Vertiefung und Ergebniskontrolle	In dieser Phase bleiben die Austauschgruppen bestehen, auch wenn die Unterrichtsform in den Plenumsunterricht wechselt.

Abb.2: Gruppenpuzzle zur Unterrichtstunde: Wüstentypen – Binnen-, Küsten-, und Wendekreiswüsten

Quelle: Eigene Darstellung; verändert nach: Haubrich 2006, S. 115

4.3. Medien

4.3.1. Sprachmedien

Gesprochenes Wort und geschriebener Text werden als Sprachmedien bezeichnet. Durch die hier verwendeten Sachtexte (Informationstexte) lernen die Schülerinnen und Schüler Informationen aus zusammenhängenden Texten aufzunehmen und wiederzugeben. Darüber hinaus wird die Lesekompetent der Schülerinnen und Schüler gefördert. Die produktive Arbeit mit dem Text kommt in dieser Stunde aus Zeitgründen leider nur sehr kurz. Die Texte sind bereits vorstrukturiert und das Visualisieren (Text in Grafik umwandeln) entfällt. In einer Doppelstunde könnten hier ganz neue Aspekte der Differenzierung ohne großen Mehraufwand mitberücksichtig werden. Die soll als Beispiel kurz veranschaulicht werden:

Differenzierungsstufe I	=	Arbeitsblatt mit vorgegeben Profilbildern.
Differenzierungsstufe II	=	Arbeitsblatt ohne Profilbilder *(Profilbild auf Informationsblatt vorhanden)*
Differenzierungsstufe III	=	Arbeitsblatt ohne Profilbilder *(Profilbild nicht auf Informationsblatt vorhanden)*

4.3.2. Grafische Darstellungen

Neben dem Bild der Küstenwüste „Namib“, welches eine originale mit der Wüste ersetzt und in flächenhafter Darstellung einen Wirklichkeitsausschnitt vorstellt, kommen in dieser Stunde verschiedene Blockbilder zum Einsatz. Blockbilder dienen nach Haubrich der Veranschaulichung dreidimensionaler räumlicher Sachverhalte. Die in dieser Unterrichtstunde eingesetzten Blockbilder unterscheiden sich zum einen hinsichtlich ihres Inhalts und zum anderen hinsichtlich ihrer Komplexität. Die Verwendung dieser zwei unterschiedlichen Profilklassen erfolgt daher, dass die Schülerinnen und Schüler hier Gemeinsamkeiten entdecken sollen und dabei lernen mit unterschiedlichen grafischen Darstellungen umzugehen. [19]

[19] Haubrich 2006, S. 176 u. 190

4.4. Alternativen

Alternativ hätte die Erarbeitungsphase auch als Stationenlernen oder als Lerntheke angelegt werden können. Dieses hätte den Planungsaufwand um ein Vielfaches verringert. Allerdings wäre in diesem Fall der Kompetenzbereich Kommunikation, wie er auch von der Deutschen Gesellschaft für Geographie beschrieben wird, nicht oder nur sehr wenig angesprochen worden. Eine weitere Methode die diesen Kompetenzbereich miteinbezogen hätte, wäre eine Gruppenarbeit mit anschließender Präsentationsphase gewesen. Allerdings würde in diesem Fall jeder Wüstentyp zweimal vorgestellt werden, was die Motivation der Schülerinnen und Schüler deutlich senken würde. Außerdem ergibt sich bei Präsentationen das Problem, dass ohnehin leistungsstarke Schülerinnen und Schüler das Wort innerhalb der Gruppe ergreifen. Eine Auswahl von Schülerinnen und Schülern nach solch einer Arbeitsphase halte ich für pädagogisch nicht Sinnvoll. Weitere Vorteile des Gruppenpuzzles lassen sich aus Kapitel 5.2.1 erschließen.

Weitere Möglichkeiten die sich in Bezug der Sprachmedien ergeben finden sich in Kap. 5.3.1. Die Handlungsorientierung würde sich beim eigenständigen Skizzieren der Blockbilder in jedem Fall erhöhen und durch die Zusammenfügung des affirmativen, kognitiven und instrumentellen Bereichs ein weiterer „Lernkanal" genutzt.

Quiz und Bilder könnten auch anstatt mit dem Beamer mit dem traditionellen Overheadprojektor visualisiert werden. Hierbei würde die Qualität der Darstellungen aber drastisch abnehmen. Der Overheadprojektor würde mir aber in der Phase der Ergebnissicherung die Möglichkeit eröffnen, von Gruppen angefertigte Folien, auf denen die einzelnen Wüstentypen in die stumme Karte eingezeichnet sind, zu veranschaulichen. Die Overlaytechnik würde hier die Lage des Wüsten nochmals veranschaulichen.

Weitere Alternativen lassen sich aus dem Kapitel 5.1 „Artikulation des Unterrichts" ableiten. Sie greifen in erster Linie dort, wo Unterrichtsphasen nicht wie geplant verlaufen. Diese Phasen müssen dann entsprechend intensiviert und verlängert werden. Andere Unterrichtsphasen müssen hingegen verkürzt oder gar ganz gestrichen werden. Die Unterrichtsskizze im Anhang soll diesen Sachverhalt nochmals veranschaulichen.

5. Verlaufsplan & Anlagen

Name: **Schulleiter:** **Prüfungsvorsitzender:** **Prüfer:**	**Arbeitsbereich:** Leitidee 1: Wechselbeziehungen zwischen Klima und Vegetation.	**Besondere Lernvoraussetzungen:** - Die SuS können die Trockenwüsten als sehr trockene Räume beschreiben. - Die SuS können die Lage der Breitenkreise auf einer Karte verorten und beschreiben.
Klasse: **Schule:**	**Unterrichtseinheit:** Wüsten & Savannen	**Leitgedanken zum Kompetenzerwerb:** - Die SuS können wichtige Grundlagen der Klimakunde erklären. - Die SuS verstehen, wie Wüsten entstehen, und somit die Systematik ihrer globalen Verteilung begreifen.
Fach: Geographie **Datum:**	**Thema der Stunde:** Wüstentypen – Binnen-, Küsten- und Wendekreiswüsten	

Zeit	Phase	Aktivität von Lehrer und Schüler (*incl. Methodisch – didaktischer Kommentar)*	Organisation SoFo	Organisation Medien	(Erweiterte-) Lernziele
07.40	Einstieg *Motivation* *„Hypothesen-bildung"*	Nach der Begrüßung motiviert der L. die SuS indem er sie auf das Quiz „Wer wird Wüstenexperte" einstimmt. ➔ Regeln werden nur kurz erläutert, da sie bereits bekannt sind. ➔ Die Antwort mit den meisten Zustimmungen wird eingeloggt. ➔ Lösungen werden nicht bekannt gegeben (Ausnahme Frage 4). In Anschluss an Frage 4 gibt es drei Möglichkeiten. Möglichkeit A: Die SuS stimmen zu, dass es am Meer Wüsten gibt. ➔ Der L. lobt die SuS für ihre gutes geogr. Wissen. Möglichkeit B: Die SuS stimmen lehnen ab, dass es am Meer Wüsten gibt. ➔ Der L. überrascht die SuS und blendet eine Luftbildaufnahme der Namib ein. Möglichkeit C: Die SuS wissen keine Antwort oder geben eine völlig falsche Antwort. ➔ Der L. löst die Frage auf	PU (LZ)	Beamer, Notebook, Buchstaben-karten	Die SuS rufen ihr bereits vorhandenes Vorwissen zum Thema ab. Die SuS möchten die offenen Fragen beantwortet wissen.
	Problematisierung/ Überleitung	Das Luftbild der Namib wird betrachtet. Die SuS stellen mündl. Hypothesen auf (mündl.), wie sie sich diesen Sachverhalt erklären können. Sollte kein/e Schüler/in eine Vermutung haben	PU (UG)	+Luftbild	Die SuS wissen, dass es Wüsten am Meer gibt.

		wird gleich in die Erarbeitungsphase I übergeleitet.			
7.50	Erarbeitungs-phase I *Bearbeitungsende 8.00- 8.05 Uhr*	Der L. erläutert den Gruppenbildungsprozess, die Arbeitsanweisung und erwähnt, dass die SuS für die Sicherung ihrer Ergebnisse selbst verantwortlich sind (Ergebnisse werden ausgehängt). Die SuS begeben sich ihre jeweilige Gruppe und bearbeiten nacheinander Aufgabe 1 und 2 auf ihrem Arbeitsblatt. → Die SuS verorten die Wüstengebiete auf ihrer Weltkarte. → Die SuS beschreiben die Lage der Wüstengebiete. → Die SuS informieren sich selbständig über die klimatischen Besonderheiten ihres Wüstentyps. → Die SuS erarbeiten sich selbstständig die Ursache für die Entstehung ihres Wüstentyps. → Die SuS bereiten sich darauf vor, wie sie ihren Mitschüler/ -innen die Ursache für die Entstehung ihres Wüstentyps verständlich erklären können. → Besonders schnelle Gruppen werden beginnen ihr Arbeitsblatt zu verschönern. ***Sollten in dieser Phase verstärkt Probleme auftauchen oder sollte diese Phase sehr viel mehr Zeit in Anspruch nehmen → Weiter mit Ergebnissicherung B.***	GA	„Wüsten-kärtchen", AB M2, Info's M3a- c, LSG M2b Atlas	Die SuS kennen mind. einen Wüstentyp und können diesen hinsichtlich seiner Lage beschreiben. Die SuS kennen die klimatischen Besonderheiten von mind. einem Wüstentyp. Die SuS können die Ursache für die Entstehung von mind. einem Wüstentyp anhand der Profilskizze in eigenen Worten beschreiben.
8.05	Erarbeitungs-phase II	Noch bevor die SuS sich neu organisiert haben (Gruppenpuzzle), erhalten sie vom L. weitere Arbeitsanweisungen. Diese werden parallel an der Wand visualisiert. → Die SuS tauschen sich über ihre bisherigen Arbeitsergebnisse aus. → Die SuS erklären sich gegenseitig die Ursache für die Entstehung ihres Wüstentyps anhand der Profilskizze.	GA	AB M2, LSG M2b Profil-skizzen	Die SuS lernen zwei weitere Wüstentypen kennen und können diese hinsichtlich ihrer Lage beschreiben. Die SuS kennen die klimatischen Besonderheiten der drei Wüstentypen. Die SuS können die Ursache für die Entstehung der drei Wüstentypen anhand einer Profilskizze in eigenen Worten beschreiben. Die SuS haben sich darin geübt selbständig zu arbeiten und ihre Ergebnisse eigenständig zu kontrollieren.
8.17	Ergebnis-sicherung A	Die Ergebnissicherung A beschreibt den vorgesehen Ablauf, indem die SuS sich über ihre Ergebnisse selbstständig austauschen und bei Unsicherheiten ihre Lösungen mit denen auf dem Ergebnisblatt vergleichen. Um einen gemeinsamen Abschluss zu finden und den Lernzuwachs der SuS zu reflektieren, soll das Quiz aus dem Einstieg nochmals wiederholt werden. → Vergleich mit den Ergebnissen vom Einstieg. → Lösungen werden besprochen.	GA, EA → PU (LZ)	LSG M2b Beamer, Notebook	

	Differenzierung	*Zusatzaufgaben Vgl. Medium 4 und 5*		AB M5/ M6	*Transferaufgabe*
8.15	Ergebnis- sicherung B *Puffer*	Die SuS haben in diesem Fall mehr Zeit erhalten um die Aufgaben in ihrer Stammgruppe zu bearbeiten (Gruppenpuzzle entfällt). Einzelne vielleicht sehr starke Gruppen, konnten sich in dieser Zeit mithilfe der Informationsblätter eigenständig die beiden anderen Wüstentypen erarbeiten (Differenzierung). ➔ Einzelne Gruppen erläutern die Ursache für die Entstehung eines Wüstentyps mithilfe der vorgefertigten Plakate (Vgl. Medium 6a- c) *Quiz aus dem Einstieg*	PU (SZ) *PU* *(LZ)*	Plakate *Beamer,* *Notebook*	Die SuS kennen drei Wüstentypen und können die Ursache für die Entstehung in eigenen Worten skizzieren.
8.25	Ende				

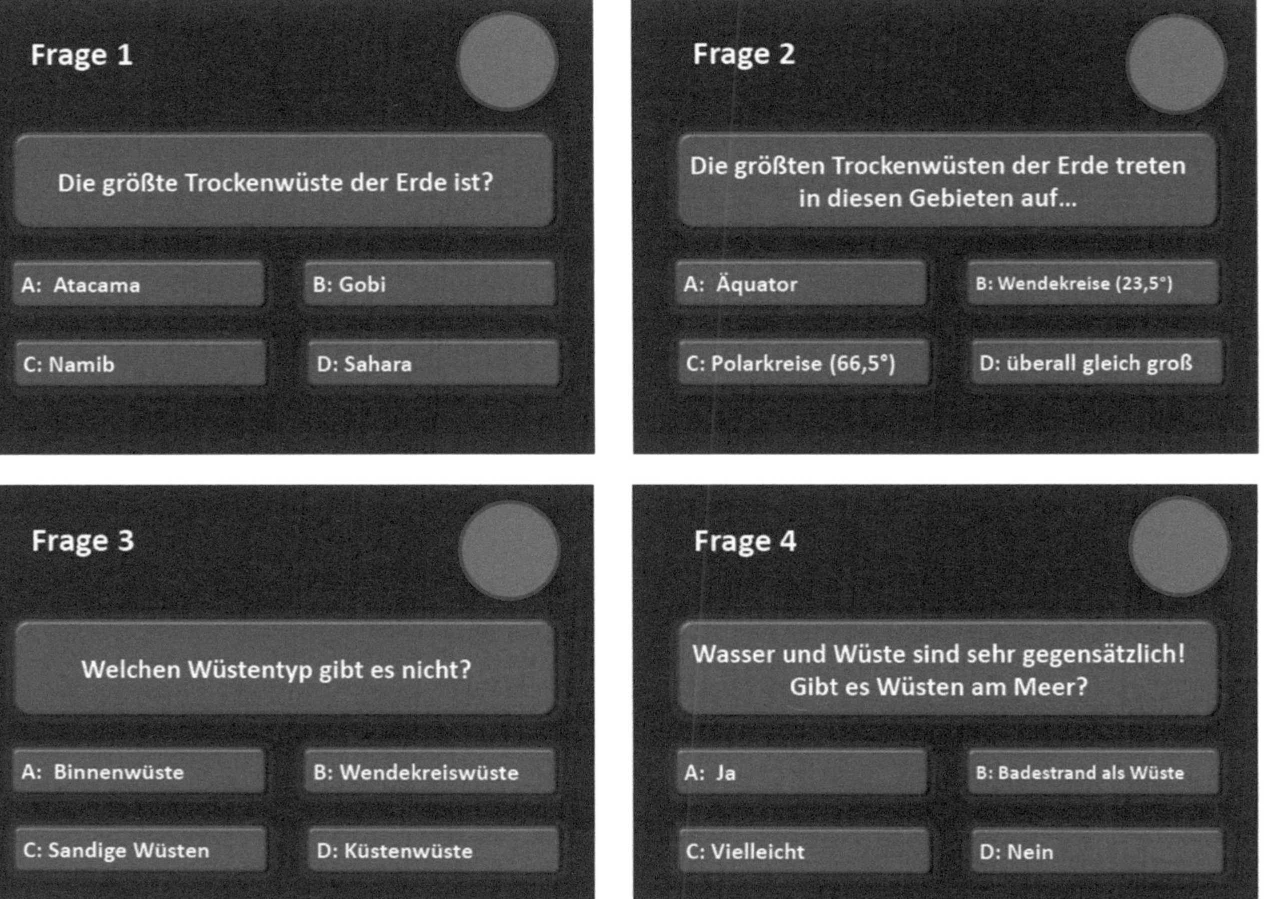
Frage 1
Die größte Trockenwüste der Erde ist?
A: Atacama
B: Gobi
C: Namib
D: Sahara
Frage 2
Die größten Trockenwüsten der Erde treten in diesen Gebieten auf...
A: Äquator
B: Wendekreise (23,5°)
C: Polarkreise (66,5°)
D: überall gleich groß
Frage 3
Welchen Wüstentyp gibt es nicht?
A: Binnenwüste
B: Wendekreiswüste
C: Sandige Wüsten
D: Küstenwüste
Frage 4
Wasser und Wüste sind sehr gegensätzlich! Gibt es Wüsten am Meer?
A: Ja
B: Badestrand als Wüste
C: Vielleicht
D: Nein

Wüstentypen der Erde

Medium 2a

Aufgabe 1:

Tragt mithilfe des Atlas in die Weltkarte eure 4 Wüsten ein, die ihr auf den Kärtchen gezogen habt und benennt sie richtig. Benutzt für alle 4 Wüsten, die ihr gezogen habt die gleiche Farbe! Denn sie haben eine Besonderheit hinsichtlich ihrer Lage. Beschreibt sie!

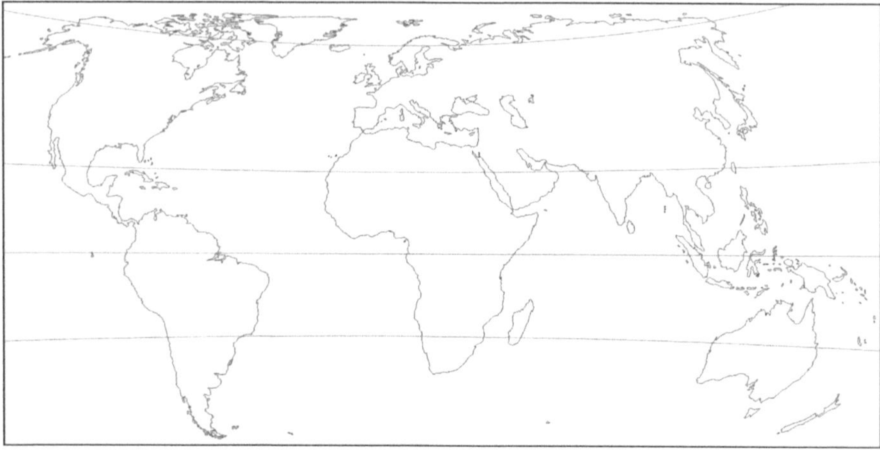

Aufgabe 2:

Aus der folgenden Tabelle könnt ihr entnehmen, dass man zwischen insgesamt 3 Wüstentypen unterscheidet.

a.) Welchem Wüstentyp gehören wohl eure Wüsten an? Holt euch das passende Informationsbl~~at~~t an der Lerntheke und füllt die entsprechende Spalte in der Tabelle aus.

b.) Bereitet euch nun darauf vor, wie ihr euren Mitschüler (-innen) die Ursachen für die Entste ng der Wüsten anhand der Profilskizze verständlich erklären könnt.

	Wendekreiswüste	Binnenwüste	Küstenwüste
Lagebeschreibung			
Klimatische Besonderheiten			
Ursache für die Entstehung			
Profilskizze des Wüstentyps			0

Wüstentypen der Erde

Lösungen

Medium 2b

Aufgabe 1:

Tragt mithilfe ....

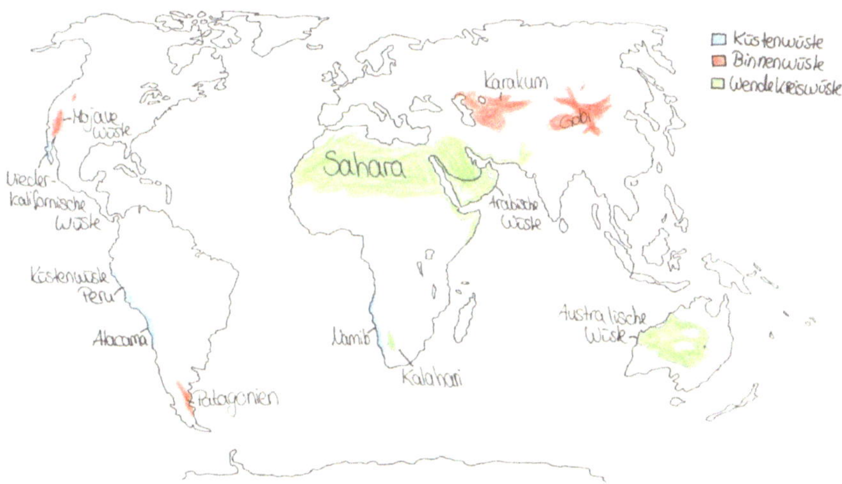

Aufgabe 2:

a.) Aus der folgenden Tabelle könnt ....

	Wendekreiswüste	Binnenwüste	Küstenwüste
Lagebeschreibung	Im Bereich der Wendekreise *(sowohl am südl. als auch am nördl. Wendekreis).*	Im inneren der Kontinente oder hinter hohen Gebirgsketten.	Direkt am Meer, aber immer an der Westseite von Kontinenten.
Klimatische Besonderheiten	Ganzjährig heiß	Heiße Sommer und sehr kalte Winter (bis -40 °C)	Ganzjährig warm
Ursache für die Entstehung	Regenwolken die sich über dem Äquator bilden regnen sich auch dort ab. In Richtung der Wendekreise strömen nur noch trockene Luftmassen. Die fehlende Wolkendecke über den Wendekreisen sorgt zusätzlich für eine hohe Sonneneinstrahlung.	Die vom Meer her kommenden feuchten Luftmassen werden im Gebirge zum Aufsteigen gezwungen. Durch die Abkühlung in höheren Luftschichten bilden sich Wolken, die sich noch im Gebirge abregnen	Kalte Meeresströmungen aus den Polarregionen kühlen die darüber liegenden Luftmassen stark ab. Es bilden sich Nebel, aber es regnet nicht über dem Land
Profilskizze des Wüstentyps	Wüste 23,5° 0°	Wüste	Nebelzone Wüste Kalte Meeresströmung

Medium 3a

Binnenwüsten

Informationsblatt

Binnenwüsten befinden sich weit im Inneren der Kontinente oder hinter hohen Gebirgsketten. Zu den Binnenwüsten gehören zum Beispiel die Wüste Gobi, die Takla Makan, das Tal des Todes, ...

Ihr besonderes Merkmal sind die heißen Sommer mit über 40 °C im Schatten und die kalten Winter mit Temperaturen von unter -40 °C. Durch diese Temperaturen gehören diese Wüsten zu den lebensfeindlichsten Gegenden der Erde.

Die Ursache für die Entstehung von Binnenwüsten ist durch die meerferne Lage oder die hohen Gebirge am Rand der Wüsten zu erklären. Die feuchten Luftmassen, die vom Meer her kommen, werden schon vorher im Gebirge zum Aufsteigen gezwungen. Durch die Abkühlung in höheren Luftschichten bilden sich Wolken, die sich noch im Gebirge abregnen.

Blockbild: Binnenwüste

Medium 3b

Küstenwüsten

Informationsblatt

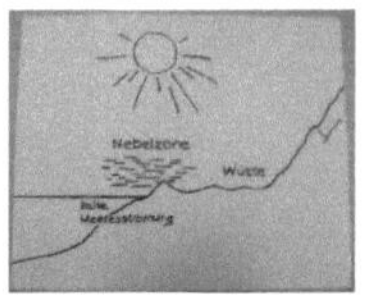

Es gibt Wüsten direkt am Meer. Immer an der Westseite von Kontinenten. Die bekanntesten Beispiele für diese sogenannten Küstenwüsten sind die Atacama - Wüste, die Niederkalifornische Wüste und die Namib in Südwest-Afrika.

In den Küstenwüsten ist es ganzjährig warm, aber nicht so heiß wie in den anderen beiden Wüsten.

Verantwortlich für die Entstehung von Küstenwüsten sind kalte Meeresströmungen aus den Polarregionen die Richtung Äquator strömen. Diese kalten Meeresströmungen kühlen die darüber liegenden Luftmassen so stark ab, dass sich Nebel direkt über dem kalten Meer bilden. Teilweise regnet es direkt über dem Meer, aber das Land bleibt trocken.

Blockbild: Küstenwüste

Medium 3c

Wendekreiswüsten

Informationsblatt

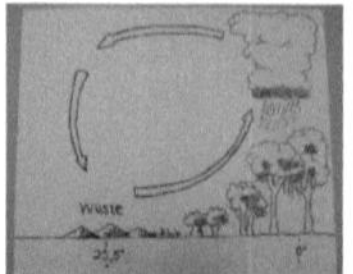

Die größten Wüstengebiete der Erde liegen im Bereich der Wendekreise. Auch die wohl berühmteste Wüste der Welt, die Sahara gehört zu den Wendekreiswüsten. Weitere Beispiele sind die Arabische Wüste, die Australische Wüste, ...

In den Wendekreiswüsten ist es das ganze Jahr über sehr heiß!

Aber warum befinden sich die größten Trockenwüstengebiete der Erde genau im Bereich der Wendekreise? Das liegt daran, dass sich die riesigen Regenwolken die sich über dem Äquator bilden auch dort abregnen. In Richtung der Wendekreise strömen nur noch trockene Luftmassen. Die fehlende Wolkendecke über den Wendekreisen sorgt zusätzlich für eine sehr hohe Sonneneinstrahlung.

Blockbild: Wendekreiswüste

Klimaexperten

Zusatzaufgabe

Medium 4

Aufgabe 1:

a.) Werte die folgenden Klimadiagramme aus und bestimme in welcher Wüste (Wüstentyp) ein solches Klima vorkommen muss.

b.) Überprüfe deine Zuordnung mithilfe des Atlas und deiner Karte „Wüsten der Erde"

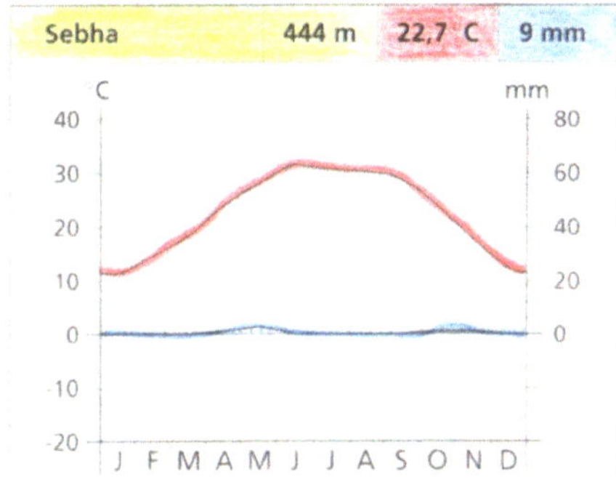

Höhe über NN	
Mittlere Jahrestemperatur	
Mittlerer Jahresniederschlag	
Durchschnittstemperatur im kältesten Monat	
... im wärmsten Monat	
Niederschlagsmenge im Monat, Maximum	
... Minimum	
Vegetationszeit in Tagen	
Wüstentyp	

Höhe über NN	
Mittlere Jahrestemperatur	
Mittlerer Jahresniederschlag	
Durchschnittstemperatur im kältesten Monat	
... im wärmsten Monat	
Niederschlagsmenge im Monat, Maximum	
... Minimum	
Vegetationszeit in Tagen	
Wüstentyp	

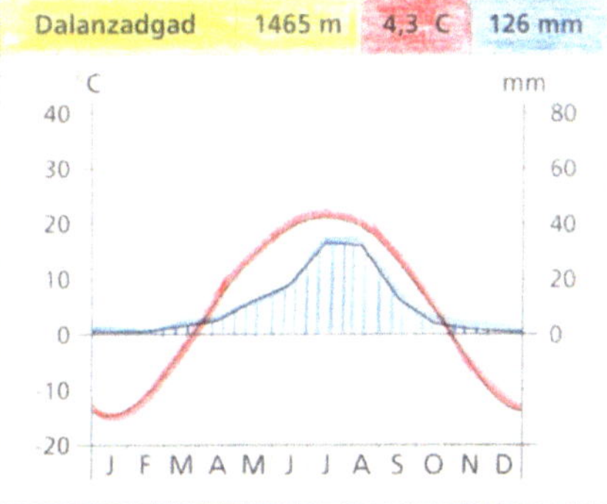

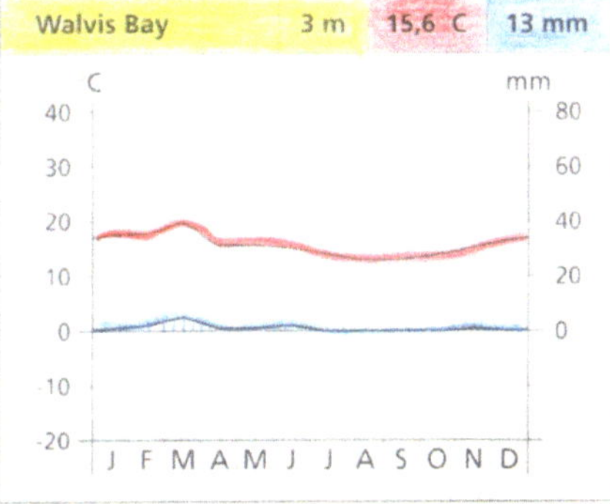

Höhe über NN	
Mittlere Jahrestemperatur	
Mittlerer Jahresniederschlag	
Durchschnittstemperatur im kältesten Monat	
... im wärmsten Monat	
Niederschlagsmenge im Monat, Maximum	
... Minimum	
Vegetationszeit in Tagen	
Wüstentyp	

Medium 5

Bilderrätsel Wüstenexperten

Zusatzaufgabe

Aufgabe:

a.) Schneide die Bilder aus und ordne sie der richtigen Wüste in deiner Karte „Wüsten der Erde" zu. *Tipp: Welche Besonderheiten sind auf dem Bild zu erkennen? In welcher Region der Erde könnte es so aussehen?*

b.) Überprüfe deine Ergebnisse Zuhause mithilfe des Internets. Achte darauf welche Suchbegriffe du verwendest. Nutze auch den Suchfilter!

c.) Solltest du dir trotz intensiver Internetrecherche immer noch unsicher sein?

Bilder verschiedener Wüsten (-Typen)

Medium 6a- c

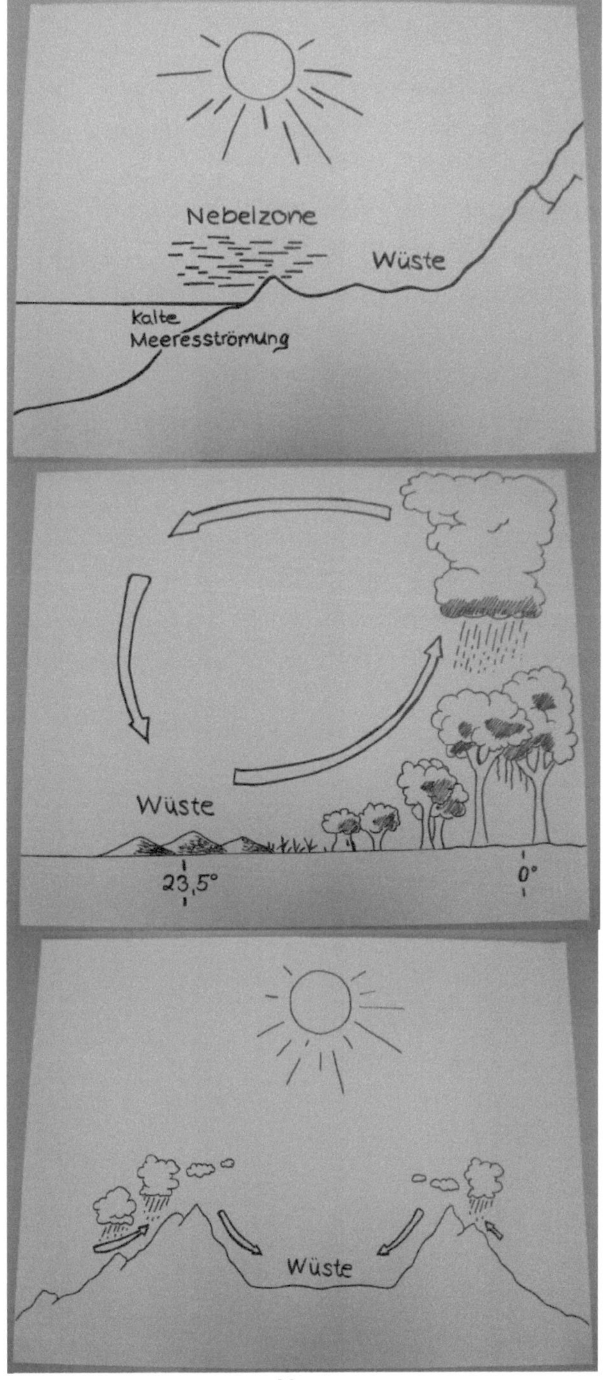

6. Literaturverzeichnis

DGfG (Hrsg.): *Bildungsstandards im Fach Geographie für den Mittleren Schulabschluss.* Selbstverlag Deutsche Gesellschaft für Geographie (DGfG), Bonn 2010; 6., durchgesehene Auflage.

Fraedrich, Wolfgang: *Passat-, Binnen- und Küstenwüsten.* In: Geographie heute – Wüsten heute, Heft 237. Friedrich Verlag, Seelze 2006

Haubrich, Hartwig (Hrsg.): *Geographie unterrichten lernen. Die neue Didaktik der Geographie konkret.* Oldenbourg Schulbuchverlag GmbH, München 2006

Latz, Wolfgang (Hrsg.): *Diercke Geographie.* Bildungshaus Schulbuchverlage Westermann GmbH, Braunschweig 2007

Ministerium für Kultus und Sport Baden-Württemberg: *Bildungsplan für die Realschule 2004.* Neckar Verlag, Stuttgart 2004

Peterßen, H. Wilhelm: *Kleines Methoden-Lexikon.* Oldenbourg Schulbuchverlag GmbH, München 2001; 2., aktualisierte Auflage

Widmann, Helga: *Identitätsentwicklung.* Skript zur Seminarveranstaltung: Identitätsentwicklung. H. Widmann Realschulseminar Reutlingen, Reutlingen 2011